有态度的
汪星人

猫 C 编
王娅娜 译

OH MY DOG

ILLUSTRATION
COLLECTION

辽宁科学技术出版社
·沈阳·

布林

本名翟萃平，现居上海，中国自由插画师。从事插画行业多年，涉及各类商业广告、大型连锁餐饮品牌壁画、房地产广告、包装插画、插画教育、油画创作等多个领域。曾接受多家知名自媒体专访，作品收录于多种书籍、展览画册，并受邀多家高等院校做插画讲座。

插画艺术的奇幻乐园

语言无法描绘插画艺术的魅力，它就像月亮之恒久和太阳之初升一样让人向往，插画艺术有着强大的生命力和发展前途。近几年插画艺术在中国的发展极为迅猛，尤其进入信息化的时代，插画艺术越来越凸显出其厚积薄发的魅力。

古今中外，艺术家们乐于描绘日常生活中的场景，我很喜欢看那些古代的绘图，《西厢记》《红楼梦》等四大名著插图名传千古，还有国外的《圣经》故事等插图，虽然现在是信息化时代，但是无论绘画媒介如何变化，都阻止不了艺术家们创作的脚步。本书是继《猫的国》《植觉》之后出的又一本以狗狗为主题的插画集，旨在为全球新锐插画师提供一个展示自己的平台，书中收录了多个国家插画家的作品，让我们能够用不一样的视角了解世界各国的不同的文化。我们深切地感受到这种人与动物的深厚情谊，有养过狗狗的朋友们带来欢声笑语，狗是人类最忠实的朋友，在世界各国插画艺术家们的笔下，它们就像天使，调皮的样子……非常感谢很多成名插画师的支持，给我们展示了非常漂亮的绘画作品，也为读者带来了来自世界的故事，以及人类与动物间的亲密关系，相信我们所有的插画师都可以通过自己的方式来表达它们的无声的，但却深沉的情感。

我们热爱动物，热爱生活，热爱一切美好的东西，我们乐于描绘我们所看到的一切，万物皆可入画，有时候我也会画下很多美好的回忆，在美丽的校园河边和朋友欢快的骑着脚踏车飞驰而过；有时候我会创作出飞翔在天空的情侣；有时候我会画植物园中陶醉的自己……有时候我会画在家中与朋友弹吉他唱歌的温馨瞬间……

插画让我陶醉，生活因为插画而变得有声有色，走进插画书籍，你就像走进一个宏大的奇幻乐园，借用我在一个颁奖礼上对孩子们的寄语来表达我对所有热爱绘画的人想说的话。

插画是一生的事，也许现在喜欢画画的孩子以后不一定会从事这个行业，但是我希望插画能够成为我们的一种生活方式，在漫漫人生中滋养我们的日常。

我们坚定地相信，无论你身居何处，看到这些美好的画面，你都会陶醉其中，我们坚信，插画艺术会像初升的太阳，一直释放它奇异的光芒。

陪伴

盼望

目 录

肖像

有趣的灵魂

「炉子 (luzi)」

——中国

窗外

当你有了一只狗狗，就多了一个可爱的家人，它每天都准时地坐在窗前或者门后，盼着你回来。它是一个一辈子的朋友，一直呆在你身边，陪着你开心、难过、兴奋、无聊……

be.net/luzi

「李恩惠」

——韩国

森林幼犬

《森林幼犬》是一本关于狗狗的有爱画册。它让我们找到了一个心灵栖息的场所。有时侯，我们深爱着的狗狗就像那片保护着我们的森林。我的狗狗会接受我的小情绪并一直宽慰着我，是我最珍爱的家人。对我们来说，动物就像是一种馈赠；它给了我们无尽的爱，却从不奢望其他。我们每天在一起度过的时光都是像礼物一般温暖的存在。

www.instagram.com/nangso25

「弗拉达·索西金娜」

——美国 / 乌克兰

遛狗人

受纽约市遛狗者的启发，我想出了一系列特别有趣的角色。最终的作品是为红木旗文具设计工作室做的一款无缝拼接图案。这种图案适用于节假日包装纸和礼物包装纸袋。

www.vladasoshkina.com

「谢秋颖」

——中国

Only 旺

我自己养了一只边牧，后来家庭成员
里又添加了一只加菲猫。恰逢中国农
历狗年到来，我也想给自己制作一本
台历表达下对狗狗的喜爱。通过网络、
书籍整理到一些照片，运用扁平插画
和拼贴的方式进行再创作，于是便有
了这一本53周的台历。每一周翻开
它，看见狗狗和人类之间的微妙关系，
心中便微微泛起涟漪。

be.net/machoxie

「甘蓝」

——中国　　　狗儿与少年

遥远北方少年回想的年少时的故事，想起某天下午与自己的狗狗散
步在麦田迷路。

be.net/cxjnice

「林芳惠」

——日本

我最喜欢的地方 / 雨后

这些作品都是以拼贴画形式完成的，供展览和出售。我对法国斗牛犬和柴犬的独特魅力分别进行了诠释。如果我的作品能够传递出与狗狗共处时的独特气氛和生活化的故事色彩，那么我将不胜荣幸。

www.iris.dti.ne.jp/~haya-c

「萨科迪」

——印度尼西亚

从此以后

女孩和男孩彼此相爱、承诺相守。他们都有自己的宠物，汪星人波波伊和喵星人瑞科。在一所美好的房子里它们成了好朋友，一起过着幸福的生活。这幅插图讲述的就是我最好朋友的美满婚姻生活。

be.net/sarkodit

「玛丽·基诺维奇」

——乌克兰

幻像汪星人

从我记事起就一直想要有一条狗狗，但我的父母不允许。现在作为成年人的我，养狗的障碍反而更多了。所以，今年我决定画一幅自画像并想象一下梦寐以求的狗狗的样子。反正只是图片，那我何不多来几条？

be.net/marikino

「李亚玲」

——中国

旅行与狗

我们喜欢狗狗的忠诚、可爱、聪明和陪伴。但在现实生活中，大多数人因为工作或者其他原因，狗狗总是独自呆在家里。在我的插画里，它们总是和人出现在不同的风景里。我希望让它们能和人类一样去旅行，在短暂的一生里去感受这个丰富多彩的世界，在大自然里尽情地奔跑。我们常常能看到很多流浪狗，它们因为各种原因遭到遗弃，每天都发生着悲剧。尽管这些画是来自我的想象，但是希望人们在看到时能产生去保护狗狗的想法，它们是美好的生命而不是玩具，它们值得拥有更好的生活。

be.net/lyleanlee

「约瑟菲娜·沙尔哥罗茨基」

——阿根廷

女孩和她的格雷伊猎犬

受到格雷伊猎犬及其优雅品质的启发，我尝试去描绘一只狗狗和它的主人之间充满诗意的、高贵的关系。在历史上，格雷伊猎犬在西方文学、纹章学和艺术中一直享有特定程度的名望和定义，是犬类世界中最优雅或高贵的陪伴及猎手。

www.josefinaschargo.com

「钟燕」

——中国　　雪夜

这幅画的灵感来源于在网上偶尔看到的一幅小狗与主人画。寒冬将至，大雪纷飞，但有陪伴的感觉总让人备感温暖。就像寒夜里的月光，冰凉却将归家的路照亮。

www.ann-zhong.com

「凯特·扎卡洛娃」

——俄罗斯

冬季捕鱼

当渔民们走到冰上时，从远处看起来就像是散布在河面上的小黑点。这些家伙们为了等候猎物，可以在一个地方坐上几个小时。所以如果你有一条狗狗那可真是太幸运了。这样，它会和你在一起等待，如果你被冻僵了，他会让你暖和起来。当一天结束时，就算它只看到一条小鱼，它也会和你一样快乐。但这些都不重要。无论你去到哪里，你的狗狗在任何情况下都是你最好的伙伴，这才是关键呢。

be.net/eeebabyboo7145

「杰姆斯・菲恩哈贝尔」

——美国

无知

当我听到 2016 年美国总统大选的结果时，它改变了我看待我们国家的方式。我被迫面对我们国家的种族主义、性别歧视和仇外心理。而这些我都曾经以为只是少数。面对这个问题的严重性，让我的工作都变得毫无意义，直到我意识到即使是一点点的努力也比什么都不做要好。这是我在选举后完成的第一件作品。给所有那些没有投票的人——那些决定袖手旁观看着灾难发生的人，也给那些无视潜在损害而选择了一个贩卖恐惧的财阀的人。对我来说，这也提醒了我，无所作为就是失败，而我不会不战而败。

jamesfirnhaber.com

——乌克兰

自行车女孩

在创作这幅作品时期，我正迫切地需要一些新颖的插图作品，于是我做了一些关于形状、颜色和矢量图形的所有可能性的研究。作品的灵感来自于我每天骑自行车的路线。大城市繁忙的仲夏之夜、和狗狗一起散步、在附近买些杂货等这些来自身边的事与物。

lina_leusenko.dribbble.com

「半半 1194」

——中国　守望的狗子

画面描述了故乡里，近夕阳时分，一个等候主人多时，希望他快点归家的狗子。

banban1194.zcool.com.cn

——意大利 无条件的爱

这是一幅为情人节主题比赛所做的插图，比赛的主题是"温柔的爱"。我立刻就想到了以那些无条件爱着我们的汪星人来作为插画的主角。不管我们多脏、多累、多潦倒、多困乏，狗狗每天都会在门口等我们回家，并乐此不疲，无论在任何情况下狗狗都是我们的朋友。

be.net/Laurapal

「格拉斯亚·奥利科」

——乌克兰

流浪的汪星人

每一只流浪狗、流浪猫都应该被收养，在一个温暖的家庭中得到快乐和安全的生活。大多数时候，我描绘的都是那些曾经的流浪狗或者是收容所里的狗狗。在我的完美世界中没有流浪狗，因为它们和关心它们的人一起过着幸福的新生活。

behance.net/grasya_oliyko
instagram: grasya_oliyko_illustrations

「井筒启之」

——日本

日本，别放弃

这一系列作品内容是日本东北地区的美丽风景，叫做"日本，别放弃"。我是在日本东部大地震后开始创作这个插画系列的。有人在日落时分漫步在波立海滩，有人沿着海岸散步，我们也可以看到很多美丽的樱花。

izutsuhiroyuki.myportfolio.com

Don't give up
Japan

——波兰

狗狗约翰

这幅作品是受波兰的一个狗狗爱好者网站"狗狗约翰"委托而创作的一系列作品中的一幅。客户允许我尝试些不同的绘画形式，我选择了当下我最喜欢的流行风格来进行创作。文章主要讲述了那些和狗狗一起生活的人们，重点关注宠物们的健康状态。大多数时候，我都试图在这些作品中增加一些幽默感。但其中一些作品不得不形象化地表现出人们对狗狗所做出的不良行为。作品最终所表达的都是很悲伤的情绪。

macieklazowski.com

「凯利 · 弗雷德里克 · 米泽」

——美国

汪星人葛丽塔

汪星人葛丽塔超级喜欢追兔子和吃蜡笔。她和我们六口之家过着幸福美好的生活。就在我们的大儿子上大学、小儿子上幼儿园的两周前，葛丽塔去世了，她回到了汪星球。这是一个我们所有人都要放手、前行的时刻。它离开后，我们最小的儿子向他的朋友和老师解释说，葛丽塔刚长了"肿块"就回汪星球去了。

www.kellyfrederickmizer.com

——乌克兰

牛头梗阿拉巴马

我四岁的时候,家里有了第一条牛头梗。我从小就画它,而我对牛头梗的痴迷也就此开始。如今,我自己也有了一条叫阿拉巴马的牛头梗。她是我创作灵感的源泉。我用她的名字创立了一个小品牌,融合了我的两个人生最爱——绘画和我最喜欢的犬种《牛头梗阿拉巴马》就是为这个品牌所绘制的日历。现在,这些日历飞遍了世界各地,在不同的牛头梗爱好者的家中安家落户。

be.net/AnnaGavrilyuk

「麦克利·娜塔莉亚」

——摩尔多瓦

最好的朋友

我坚信宠物可以成为主人最好的朋友。狗狗忠诚、聪明并善解人意，无论发生什么事都不会离开你。当你心情不好的时候，它会让你振作起来，如果你犯了错误，它也不会说三道四，而是无条件地原谅你。狗狗总是愿意倾听你的故事，即使它一个字也听不懂，当你孤立无援之际，它是你坚强的后盾，永远的支持者，它用心地享受着跟你度过的每一刻。

be.net/natalia_makrii

「思安 · 萨默海斯」

——英国

好伙伴

作品的灵感来自我所生活的地方——风景如画的科茨沃尔德。画面以图案为装饰，明亮而繁华，整体风格灵动欢快。在细致入微的绘画过程中，我将结构化的构图与无法掌控的野生叶片以及花朵融合在一起，创造出一种活力，这是创作中平衡的关键。在这个过程中，我也经常迷失方向。我喜欢在自己的作品中使用大量的色彩、形状和图案，从而创造出丰富而迷人的场景。对狗、猫和鸟的别样描绘是我的标志，既返璞归真又富有现代感。

www.siansummerhayes.com

83

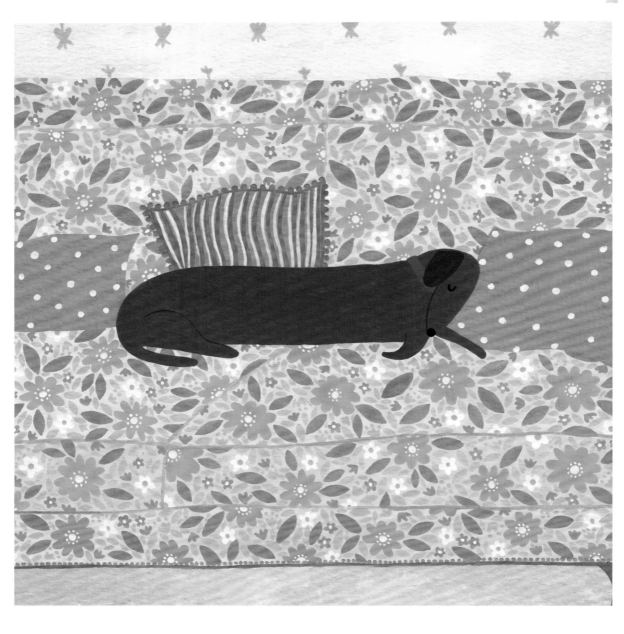

「杰弗里・谭 & 陈 Cting」

——中国香港

中国狗年

我们和可爱的柴犬、斗牛犬一起庆祝中国狗年。我们用日式的寿节来描绘柴犬和斗牛犬，代表着对自己和家人的保护和祝福。

www.alonglongtime.me

——塞尔维亚

我的狗狗

我的作品当中主要的主题是动物，尤其是狗。我喜欢尝试通过有趣的风格或场景如实地呈现出动物的性格。

akvarelldesign.com

——阿根廷

坎巴

为了纪念狗年，我决定描绘一下我忠实的朋友坎巴。对我来说，新的一年意味着全新的、明亮的，而这也正是我所试图表达的。狗是人类最好的朋友，所以我把它们描绘成快乐、温暖、有趣的伙伴。这一年，我们彼此更亲近了、更熟悉了，这些情感鼓励着我们继续前行。这就是我个人对这一年的感受，充满了希望，而我也希望其他人同样能感受到这样的美好。画面里叠加的色彩旨在创造一种前进的感觉。一方面，尽管世界各地的文化和传统习俗各不相同，但随着时间的推移十二生肖如今风靡全球。另一方面，不同颜色的共存也意味着所有的事物并非都只是简单的"好"或"坏"。它的很多面都很复杂。我希望每一种情况都可以成为我们乐观的学习方式，在这个充满着差异却积极向上的社会中共同成长，而并非一味地抱怨或感到失望。作品所用的技术是完全数字化的，除了背景用了一张纸的图片外，插图中的所有内容都是用一个手绘板来创建的。我用这张图片创建了一个日历，用来计划未来的日子。每天醒来都有所希冀，活出最好的现在，也期待更好的明天。

chiaribarese.tumblr.com

「缪博」

——越南

狗年

作为越南果品餐厅活动的主要展出作品，《狗年》这幅作品阐释了理想状态下的友谊，就犹如春天的纯洁和全新的开始。狗狗在人生中的任何阶段都是一个可靠的伙伴。黄灰色象征着旧时的再见，而粉红色则代表着新生的延续。在亚洲文化中，狗狗与门神有着相似的含义，同时也象征着健康与繁荣的守护者。

hiephoangpham193.wixsite.com/hiephoangdsgn

——日本

我的汪星人

我家里养了一只小狗，总是在睡觉。有时它就像作品中这样敞开衣襟，肚子全露在外面。我想留住这一刻，所以把它画了出来。

www.un-mouton.com

「奥尔加·阿克肖诺娃」

——俄罗斯

汪星人肖像

受到人类与汪星人关系的启发，我经常画一些能够反映汪星人心理的画像。汪星人是那么诚挚和真实，每只狗狗都独一无二，拥有自己的独特之处，就像人类一样。我尝试通过我的作品将其表达出来。

instagram.com/aksolga

——加拿大

给我画只狮子

这些插图是为我的网店"给我画只狮子"而创作的。狗狗和猫咪在我的作品中出现的频率比其他任何动物都多。我想是因为它们跟我关系最亲近的缘故吧。我小时候养过一只猫咪，现在我又养狗狗，并且已经养了11年了。宠物的存在提醒着我们要成为更好的人类。它们总是给我们带来很多的快乐，这也就是为什么我总把它们频繁地融入到作品中。它们已经成为我作品中快乐和爱的象征。因此，它们以许多不同的形式、颜色和风格反复出现。我相信它们会一直出现在我的作品中。画动物将会是我永远的兴趣所在。

lisacinar.com

——智利　　汪星人

《汪星人》这幅插画主要展示每个汪星人的与众不同。

be.net/valekillinger

——日本

詹姆斯大叔 / 苏珊大婶

狗狗让我们开心，给予我们长久的爱与欢乐。有时它们也会让我们哭泣，但最终它们也将我们治愈。狗狗就是我们的家人。我想把它们画得像一幅可以挂在家中的古典肖像画。

masakiryo.com

「猫 G」

——中国

喵汪一家亲

这套插画共有 12 幅作品。每幅作品描绘了一只"汪"趴在一只"喵"头上。希望来自全世界各地的"汪"和"喵"都能够出现在我的作品里呢。

Meo-G.com

全家福系列

我的家里养了"汪"和"喵",它们给了我
无尽的创作灵感。这套作品以叠罗汉形式呈
现了小动物之间的互动,并以花环装饰于周
围,使画面氛围更加温馨可爱。

大厨师桃子

这是一个关于喜爱烹饪的腊肠犬的插画系列。受世纪中叶儿童书籍的启发，我喜欢创作那些画面充满不同事物和细微迷人细节的多彩动物插画。

asahinagata.me

——韩国

狗狗

我通过在作品中使用不同的颜色来寻求一种不受束缚的创造力和舒适感。希望人们从我的作品中可以感受到各种各样的思想和情绪。《狗狗》这幅作品表达出狗狗也可以像人类一样有不同的思想和行为。狗狗选择自己喜欢吃的食物，玩自己喜欢玩的玩具，选择和喜欢的朋友一起睡觉。

be.net/hyeonjae

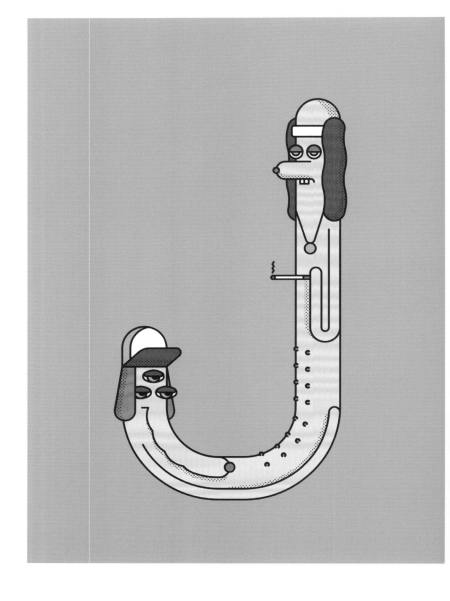

「安娜·杜耶」

——西班牙

小小帮派

《小小帮派》是一个既有趣又丰富多彩的作品，以其最纯粹的形式展示了我的插图风格——街头时尚的独特视角、充满活力的色彩碰撞、各种有趣的小状况和几何图形的字符。我的作品灵感主要来自街头文化。我喜欢用一种有趣的方式来描绘我的城市生活。我想这主要是受西班牙巴塞罗那的风景、人民和生活方式的影响。

www.anaduje.com / Instagram: @anaduje.design

「雅库布・卡明斯基」

——波兰

永远的死党 / 电影《抢银行》

狗＋猫＝永远的死党。
这幅作品描绘了导演尤利斯・马休斯基的波兰犯罪电影《抢银行》中的
一条狗。

www.jakubkaminski.com

壁画

这幅作品描绘了在我心目中这世界上最棒的地方——弗罗茨瓦夫市。
这里到处都是桥梁、树木和伟大的建筑,当然还有……汪星人!

「尹业吉」

——韩国　理发店

牧羊犬科蒙多正在向理发店奔去，元旦到了，所有多毛的狗狗都来
这家理发店理发。这幅插图是为 2018 年 1 月发行的《韩国电影杂志》
封面而创作的。

www.seeouterspace.com

醒醒！早餐准备好了

有一天，我想起了曾经在苏格兰达夫镇的一个旅店餐厅吃过的早餐。
我特别怀念每天早上唤我醒来的温暖的、散发着扑鼻香气的早餐场景，
所以凭着记忆中的印象完成了这幅作品。

「伊丽萨·马切拉里」

——意大利

如此相同

这是我正在做的一个项目，主题是那些看起来和自己的主人很像的狗狗。我一直都很爱狗狗，有时我发现它们的行为甚至比人类更像人。我创作了一些展示人与动物之间特殊感受的插图，它们生动、形象又很简洁。

www.elisamacellari.com

「河原奈苗」

——日本　　我到过的地方

这些作品出自我 2013 年的展览。
主要描绘了我的第一只狗狗库坦（2001 年去世）的神秘生活。

www.barbaratics.com

「薔薇」

——中国

Lucky 公主、豆豆妈妈、我是包青天、
捉影子的 Miro / 参加汪星球派对

我的插画常用大红大绿等艳丽的色彩搭配，些许的民族色彩。这一
次画的狗狗都是我遇到过、相处过的狗狗。

weibo.com/u/2497040812

136

——日本

来吧！冲浪啦！

小小汪星人从一座城市跟随主人来到海边，正尝试着享受一下它并不喜欢的大海。

www.takahisahashimoto.com

「乔纳斯 · 塞缪尔 · 鲍曼」

——瑞士

在线动物寓言

像一个冒险家在丛林中探索一样，我在互联网上搜索，然后将在不同的陌生网站和神秘链接上发现的有趣的东西描绘出来。在这充满了无限意象的旅程中，动物，尤其是狗，常常让我有所停留，这也使它们成为我忠实的伙伴。通过采用真正的手绘方式，让所呈现出的作品不仅汇聚了现代风格，也保留了虚拟世界的色彩。

www.instagram.com/paintthisplease

「沈健诗」

——中国台湾

漂流的汪星人

当狗狗们注视着人类，即使是对着充满信任感的主人，总还是带着迷惑的眼神，这不禁让我联想到在太空中失去方向的生物，茫然不知所措。

ello.co/leonidkogan

「安娜·桑菲利波」

——阿根廷　猎兔犬

这是一幅为一家名叫猎兔犬的咖啡馆设计的海报。主要描绘优雅、精致的汪星人是如何享受美好生活的。

anasanfelippo.com.ar

87° Aniversario

LOS GALGOS

嬉戏

系列插画原为 2018 陆家嘴绿岸艺术节创作的插画海报，主题为《嬉戏》。
三幅画分别为：公园上空的飞翔、集体健身、快乐的舞蹈。这三幅画不
仅作为宣传海报而画，也作为参展艺术作品而画，内容贴合此次艺术节
的装置艺术项目。公园上空的飞翔，听到飞翔这个词语我就想到了夏加
尔德画，舞蹈自然而然想到了马蒂斯的舞蹈，于是在经典油画的基础上
二次创作成为了这次艺术海报的特点，用我特有的插画风格塑造人物，
结合大师们的优秀作品，起到了意想不到的完美效果。

be.net/brinbullin-shanghai

「Guang Yuan」

——中国　　狗子人

狗子人是我许多兽人插画作品中的一个系列，由狗的头部和人的身体组成。这种人身和动物组合的方式再加上一些有趣的场景和复古风格的色彩搭配，是我喜欢的一种插画表现形式。我对这本书以及我所有项目的灵感主要来自于生活和动物。我喜欢以有趣的方式描述动物的性格和内心。我的绘画风格主要受到浮世绘和莫比斯影响。

www.artstation.com/yuang

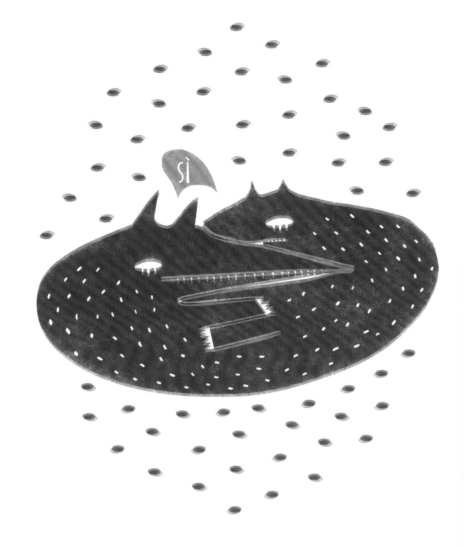

——意大利

逝去之时

这是我在思考生命时涌现出灵感而创作的一幅布面丙烯作品，它有着明显的不同之处，但又有着似曾相识的感觉。

littlepoints.blogspot.com

卡戈

从某种意义上来说，
这是我的第一个自画像。

「安妮－朱莉·迪德迈纳」

——加拿大

嘿！伙计

《嘿！伙计》是一个小系列插图，主题是关于去年我在柬埔寨旅行时结识的狗友。在东南亚旅行很有挑战性，但每次我看到它们那一张张友好的脸，都让我感到非常高兴。我要做的就是将来自这个世界的感觉和记忆混合在一起，为属于我自己的梦境打开一扇大门。

annejuliedudemaine.com

「鲁塔・杜马拉卡卡戴特」

——立陶宛　　火星任务

最近我在想我们真的要和太空探索技术公司一起去火星了。冒险在召唤！但是你会抛下我们所拥有的美丽的大自然和动物去火星沙漠吗？

www.etsy.com/shop/RUTA13

我和我的汪星人

我希望我的作品可以用在日常用品上，这样可以让许多不同的人喜欢。我的插图受到了女性力量、自然、冥想、好朋友和其他人与事物的影响。那些神话当中的奇怪生物常常也会出现在画面中，包括女神、半神、神话生物和森林生物。它们出现在充满符号和装饰元素的奇异又熟悉的梦幻场景中，唤醒的可不仅仅只是我们童年的记忆。

www.barboraidesova.com

——斯洛伐克

「寺島沙也加」

——日本

新年贺卡

这些是日本的新年贺卡,主题是 2018 年的"十二生肖"狗,可以在书店和杂货店买到。人们可以把它作为新年的问候。

各种各样的狗狗用愉快的"镜饼"形象来庆祝新年,在日本的元旦期间可以吃到镜饼。

狗狗们穿着日本"七福神"的衣服、驾着财宝船、载着好运来迎接新年。

我喜欢动物和季节性图案,并根据这些主题来绘制插图。

sayakaterashima.com

「特雷西·朗」

——英国

特技自行车手

这是一条叫艾伯特的狗狗，他独自住在森林里，有着很大的梦想。现在艾伯特是一条只会一招的狗狗。但就是这一招，艾伯特每天都练习，希望能够成为世界著名的绳索自行车骑手。大家注意噢！我猜艾伯特一定会成功的。这幅插图是为一个正在进行的个人项目而创作的，有关各种异想天开情境中的狗狗们。艾伯特的创意来自一个邻居家的宠物狗，它看起来很像艾伯特（除了套头衫以外），非常热衷于表演各种小把戏。这幅作品是用铅笔和水彩完成的。

www.traceylong.co.uk

淑女汪与大鼠王

佩内洛普·图多尔夫人坐在她最喜欢的条纹扶手椅上休息。那天早上阳光明媚，她打算带着小狗布莱恩去散步。然而她平静的思绪被大鼠王的出现粗鲁地打断了。抚平裙子，她决定不予理会。但大鼠王却不这样想。大鼠王拽着佩内洛普夫人的裙子，要求一起去散步。佩内洛普夫人想了一会儿，心地善良的她同意了。这幅作品是为一个系列插图而创作的，描绘了异想天开情境中的狗狗们。这是我自 2014 年开始的个人项目的一部分。作品是用铅笔、水彩以及拼贴画制作完成的。

「伊格·科西卡」

——丹麦

时尚的汪星人

你会惊讶地发现，在哥本哈根大街上漫步的狗狗竟寥寥无几。但那些真正生活在丹麦首都的狗狗却从未被忽视过。像他们的主人斯堪的纳维亚人一样，狗狗们非常有礼貌。他们绝对可以教你一两件关于时尚和风格的事情，但最重要的一点，在享受舒适生活这方面，他们绝对算得上是佼佼者。所以，如果你游览哥本哈根并碰到其中一只狗狗，别忘了有时候代表舒适惬意的丹麦"舒心"（hygge）文化有着四条腿。

www.igakosicka.com

「安娜·波列诺娃」

——俄罗斯

新年汪星人

作品来自于《新年汪星人》系列。这些明信片是我在新年送给亲戚朋友的。当创作这些作品时，我采用了拟人化的性格特征、人物角色和家庭场景。通过这些赠送给亲戚朋友们的明信片，我尝试着表现他们的专业技能、家庭氛围和生活方式，目的是用一张充满私密感的明信片让未来的明信片主人感到幸福。狗狗是人类最好的朋友，这就是为什么我把我的亲戚朋友们用狗狗的形象来演绎的原因。

be.net/Alyamova

A

Ana Duje
安娜·杜耶

Ana Sanfelippo
安娜·桑菲利波

Ann Zhong
钟 燕

Anna Gavryliuk
安娜·加维留克

Anna Polenova
安娜·波列诺娃

Anne-Julie Dudemaine
安妮-朱莉·迪德迈纳

Asahi Nagata
朝日长尾

B

Banban 1194
半半 1194

Barbora Idesová
巴比拉·艾德索夫

Brin bulin
布 林

C

Chiara Barese
基亚拉·巴雷斯

CHIEN-SHIH SHEN
沈健诗

E

Elisa Macellari
伊丽萨·马切拉里

Elisa Sanfelippo
蔷 薇

G

Ganlan Chen
甘 蓝

Grasya Oliyko
格拉斯亚·奥利科

Guang Yuan
Guang Yuan

H

Hiroyuki Izutsu
井筒启之

Hyeon Jae
权宰贤

I

Iga Kosicka
伊格·科西卡

J

JAKUB KAMI SKI
雅库布·卡明斯基

JAMES FIRNHABER
杰姆斯·菲恩哈贝尔

JEFFREY TAM & CTING CHAN
杰弗里·谭 & 陈 CTING

JONAS SAMUEL BAUMANN
乔纳斯·塞缪尔·鲍曼

JOSEFINA SCHARGORODSKY
约瑟菲娜·沙尔哥罗茨基

K

Kate Zakharova
凯特·扎卡洛娃

Kelly Frederick Mizer
凯利·弗雷德里克·米泽

插画师名录

L

Laura Palumbo
劳拉·帕伦博

Lee Eun Hye (nangso)
李恩惠

Lina Leusenko
丽娜·卢森科

Lisa Cinar
丽莎·辛纳尔

luzi
炉子

Lylean Lee
李亚玲

M

Macho Xie
谢秋颖

Maciek Łazowski
马切克·阿佐夫斯基

Macrii Natalia
麦克利·娜塔莉亚

Mai Sajiki
佐直舞

Mari Kinovych
玛丽·基诺维奇

Masaki Ryo
真崎良

Màu BÔt
缪博

Meo. G
猫 G

N

Nanae Kawahara
河原奈苗

O

Olga Aksyonova
奥尔加·阿克肖诺娃

R

Rade Tepavcevic
拉德·特帕维切维奇

"Ruta Dumalakaite (aka RUTA13)
鲁塔·杜马拉卡戴特

S

Sarkodit
萨科迪

Sayaka Terashima
寺岛沙也加

Sian Summerhayes
思安·萨默海斯

Stella Venturo (Littlepoints⋯)
斯特拉·文图罗

T

Takahisa Hashimoto
桥本孝久

Tracey Long
特雷西·朗

V

Valentina Killinger
瓦伦蒂娜·基林格

Vlada Soshkina
弗拉达·索西金娜

Y

Yeji Yun
尹业吉

Yoshie Hayashi
林芳惠

图书在版编目（CIP）数据

有态度的汪星人 / 猫 G 编；王娅娜译 . — 沈阳 ：
辽宁科学技术出版社，2019.8
ISBN 978-7-5591-1156-2

Ⅰ . ①有… Ⅱ . ①猫… Ⅲ . ①犬—图集 Ⅳ . ①
S829.2-64

中国版本图书馆 CIP 数据核字（2017）第 130737 号

出版发行：辽宁科学技术出版社
　　　　　（地址：沈阳市和平区十一纬路 25 号　邮编：110003）
印　刷　者：深圳市雅仕达印务有限公司
经　销　者：各地新华书店
幅面尺寸：170mm×240mm
印　　张：11.5
字　　数：150 千字
出版时间：2019 年 8 月第 1 版
印刷时间：2019 年 8 月第 1 次印刷
责任编辑：杜丙旭　关木子
封面设计：关木子
版式设计：关木子
责任校对：周　文

书　　号：ISBN 978-7-5591-1156-2
定　　价：68.00 元

联系电话：024-23280035
邮购热线：024-23284502
http://www.lnkj.com.cn
Email: designmedia@foxmail.com